Stephen W. Hawking

# Dove il tempo si ferma

## La nuova teoria sui buchi neri

*Introduzione di* David Shukman

*Postfazione di* Marco Cattaneo

Rizzoli

*First published as 'Black Holes: The Reith Lectures'*
*by Transworld Publishers, a division*
*of The Random House Group Ltd.*

*'Do Black Holes Have No Hair?'*
*first broadcast by BBC Radio 4 on 26 January 2016*
*and 'Black Holes Ain't As Black As They Are Painted'*
*first broadcast by BBC Radio 4 on 2 February 2016.*



*The illustrations were produced*
*by Cognitive (wearecognitive.com) for BBC Radio 4.*



ISBN 978-88-17-09052-0

*Titolo originale dell'opera:*
BLACK HOLES: THE BBC REITH LECTURES

*Prima edizione: ottobre 2016*

*Traduzione di* Daniele Didero

*Realizzazione editoriale:* Studio Dispari – Milano

# Dove il tempo si ferma

La nuova teoria sui buchi neri

# Introduzione

*di David Shukman*

Tutto ciò che riguarda Stephen Hawking ci affascina: la condizione di un genio intrappolato in un corpo sofferente; l'accenno di un sorriso che illumina il suo volto, in cui solo un singolo muscolo è in grado di muoversi; quella voce metallica da robot che vuole renderci partecipi dell'euforia delle scoperte di una mente impegnata a vagare tra gli angoli più misteriosi dell'universo.

Nonostante le circostanze avverse, questo personaggio straordinario è riuscito a oltrepassare i classici confini della scienza. Il suo libro *Dal big bang ai buchi neri. Breve storia del tempo* ha venduto dieci milioni di copie; lui è comparso in diversi show televisivi di successo, è stato invitato alla Casa Bianca e un film sulla sua vita lo ha di recente confermato nel suo ruolo di celebrità. È diventato nientemeno che lo scienziato più famoso del mondo.

Negli anni Sessanta, quando gli venne diagnosticata la sclerosi laterale amiotrofica, i medici gli diedero due anni di vita. Oggi però, a più di mezzo secolo di distanza, Hawking continua a fare ricerca, a scrivere, a viaggiare e a fare notizia. Per spiegare questa straordinaria energia, sua figlia Lucy lo descrive come una persona «enormemente ostinata».

Grazie alla sua dolorosa storia personale oppure alla sua capacità di entusiasmarsi, Hawking riesce sempre a catturare la nostra immaginazione. Ultimamente ha dichiarato che l'umanità si trova di fronte a una serie di disastri da lei stessa provocati – dal riscaldamento globale ai virus creati in laboratorio – e, quel giorno, l'articolo che riportava le sue parole è stato il più letto sul sito della BBC.

È una terribile ironia della sorte che un così grande comunicatore non possa intrattenere una normale conversazione. Chi vuole intervistarlo deve mandargli in anticipo le domande. Qualche anno fa, il suo staff mi aveva avvertito di tralasciare i convenevoli, perché gli serve moltissimo tempo per rispondere anche alle domande più semplici. Davanti a lui, però, nell'eccitazione mi sono lasciato sfuggire un «Come va?» e, con aria colpevole, ho quindi dovuto attendere la sua replica. In ogni caso, stava bene.

Nel suo ufficio a Cambridge c'è una lavagna piena di equazioni; la cosmologia, infatti, si basa sulla matematica più sublime. Tuttavia, il contributo peculiare portato da Stephen Hawking alla ricerca scientifica è stato quello di sfruttare gli approcci di specializzazioni in apparenza assai diverse: è famoso per essere stato il primo scienziato a indagare le vaste distese dello spazio usando tecniche elaborate per studiare le minuscole particelle che compongono gli atomi.

I suoi colleghi che lavorano in questo campo tremendamente complesso temono a volte che sia impossibile presentare i risultati delle loro ricerche in termini comprensibili alla gente comune; eppure Hawking ha fatto dello sforzo di rivolgersi a un vasto pubblico la propria bandiera. Nelle «Reith Lectures» trasmesse quest'anno dalla BBC, si è posto la sfida di riassumere in due conversazioni di quindici minuti una vita di studio sui buchi neri. E per i lettori curiosi ma perplessi – o per quelli che, pur affascinati da queste idee, si sentono a disagio di fronte alle nozioni scientifiche – ho aggiunto alcune note che possono facilitare la comprensione dei punti chiave.

# 1

# I buchi neri non hanno peli?

Si dice che a volte la realtà superi la fantasia. Nel caso dei buchi neri possiamo dire che nessuno tra gli scrittori di fantascienza è mai arrivato a immaginare tanto. La comunità scientifica ha impiegato parecchio tempo a comprendere che le stelle dalla grande massa possono collassare su se stesse, sotto la loro forza di gravità, e a considerare il comportamento degli oggetti risultanti. Nel 1939, Albert Einstein scrisse un articolo in cui sosteneva l'impossibilità di tale collasso, affermando che la materia non poteva essere compressa oltre un determinato limite. Numerosi scienziati condividevano tale sensazione istintiva. La principale eccezione era costituita dal fisico americano John Wheeler, che per molti aspetti rappresenta la figura dell'eroe nella storia dei buchi neri. Negli anni Cinquanta e Sessanta, con il suo lavoro Wheeler mise in luce che molte stelle erano infine destinate a collassare ed evidenziò i problemi che tale possibilità veniva a porre sul piano della fisica teorica. Si spinse inoltre a prevedere numerose proprietà dei buchi neri, che sono il risultato del collasso gravitazionale delle stelle.

DAVID SHUKMAN: *L'espressione «buco nero» è abbastanza semplice, eppure è difficile immaginarne uno là fuori nello spazio. Possiamo pensare a un enorme scarico in cui l'acqua precipita vorticando. Quando qualcosa supera il bordo di questo oggetto, il cosiddetto «orizzonte degli eventi», non può più tornare indietro. Data la loro immensa forza di attrazione, i buchi neri risucchiano anche la luce e di conseguenza ci risultano invisibili. Tuttavia, gli scienziati sanno che esistono in quanto strappano via la materia delle stelle che si avvicinano troppo e possono mandare vibrazioni attraverso lo spazio. È stata proprio una collisione fra due buchi neri, avve-*

*nuta più di un miliardo di anni fa, a provocare quelle onde gravitazionali la cui recente scoperta ha segnato uno straordinario passo avanti per la scienza.*

Per la maggior parte della sua vita, di svariati miliardi di anni, una normale stella sostiene il proprio stesso peso attraverso la pressione termica generata dai processi nucleari che convertono l'idrogeno in elio.

*DS: La NASA descrive le stelle come una sorta di pentole a pressione: la forza esplosiva della fusione nucleare che avviene al loro interno crea una pressione verso l'esterno controbilanciata dalla forza di gravità, che attrae tutto verso l'interno.*

Alla fine, però, la stella esaurirà il suo combustibile nucleare e inizierà a contrarsi. In alcuni casi, potrà riuscire a sostenersi in forma di nana bianca. Tuttavia, nel 1930 Subrahmanyan Chandrasekhar mostrò che il limite della massa di una nana bianca è pari a circa 1,4 volte quella del Sole; un limite massimo analogo, relativo a una stella costituita interamente da neutroni, venne calcolato dal fisico sovietico Lev Landau.

DS: *Le nane bianche e le stelle di neutroni sono dei soli che hanno esaurito il proprio combustibile. Così, una volta prive di una forza in grado di sostenerle con una spinta verso l'esterno, nulla*

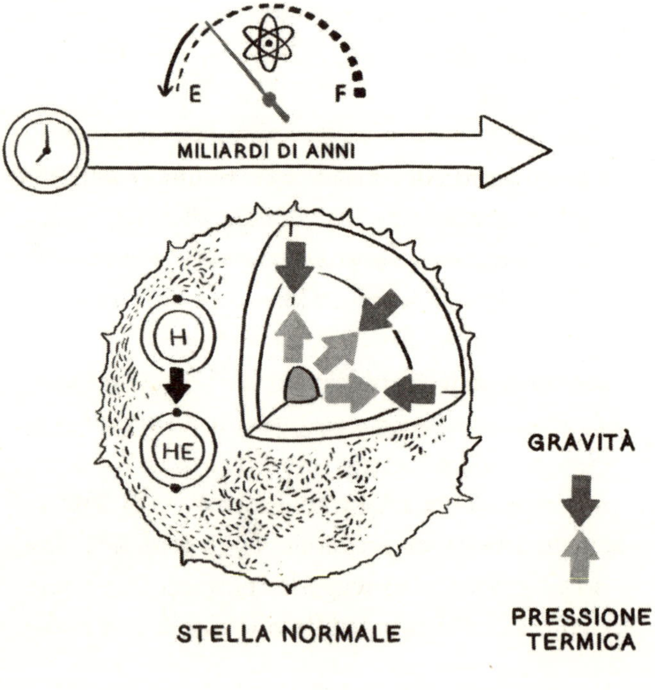

*può più impedire alla loro attrazione gravitazionale di farle collassare, e finiscono per diventare oggetti tra i più densi dell'universo. Nella classifica delle stelle, però, le nane bianche e le stelle di neutroni sono ancora relativamente piccole, il che significa che non hanno una forza gravitazionale sufficiente a portare a compimento il processo di collasso. Per Stephen Hawking e altri scienziati, quindi, il caso più interessante riguarda ciò che avviene alle stelle più grandi al termine della loro esistenza.*

Che cosa succede, quindi, alle innumerevoli stelle con una massa superiore a quella delle nane bianche o a quella delle stelle di neutroni una volta esaurito il loro combustibile nucleare? Il problema venne studiato da Robert Oppenheimer, diventato poi noto come padre della bomba atomica. In un paio di articoli pubblicati nel 1939 con George Volkoff e Hartland Snyder, Oppenheimer mostrò che una stella di questo tipo non troverebbe nessuna pressione diretta verso l'esterno in grado di sorreggerla; pertanto, una volta terminato il combustibile nucleare e con esso la pressione termica, una stella sferica, simmetrica e uniforme sarebbe destinata a contrarsi fino a ridursi a un singolo punto di densità infinita. Questo punto viene chiamato singolarità.

DS: *Una singolarità è il risultato a cui si giunge quando una stella gigante si contrae in un punto incredibilmente piccolo. Questo concetto è stato uno dei temi centrali nella carriera di Stephen Hawking. Non si riferisce soltanto alla fine di una stella, ma anche a un'idea molto più fondamentale riguardante il punto d'inizio della formazione dell'intero universo. È stato grazie al suo lavoro matematico su questo problema che Hawking si è conquistato una fama globale.*

Tutte le nostre teorie sullo spazio partono dal presupposto secondo cui lo spaziotempo è liscio e quasi piatto; di conseguenza, esse cessano di essere applicabili in corrispondenza della singolarità, dove la curvatura dello spaziotempo è infinita. Di fatto, la singolarità segna la fine del tempo stesso, ed è proprio questo ciò che Einstein trovava così spiacevole.

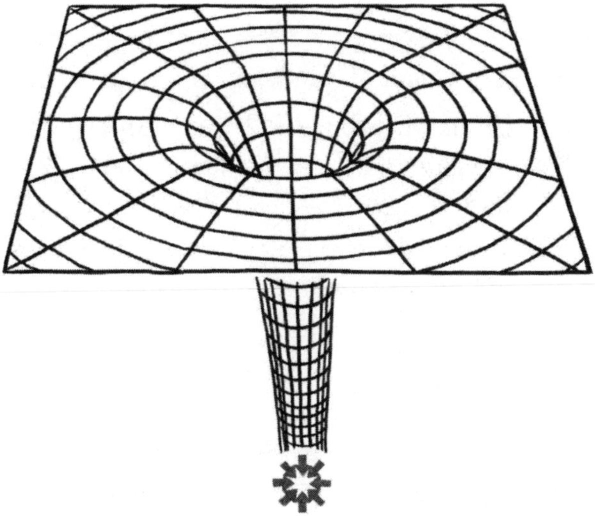

*DS: Secondo la teoria della relatività generale di Einstein gli oggetti distorcono lo spaziotempo che li circonda. Immaginatevi una palla da bowling posta su un trampolino, che viene a cambiare la forma del materiale e fa sì che gli oggetti più piccoli si muovano nella sua direzione. Così si spiega l'effetto della gravità; tuttavia, se la curvatura nello spaziotempo si fa via via più profonda, fino a diventare infinita, le normali leggi dello spazio e del tempo non sono più applicabili.*

A questo punto scoppiò la Seconda guerra mondiale. La maggior parte degli scienziati, incluso Oppenheimer, rivolse l'attenzione alla fisica nucleare e la questione del collasso gravitazionale venne perlopiù dimenticata. L'interesse per questo tema rinacque con la scoperta di alcuni oggetti remoti chiamati quasar.

DS: *I quasar sono gli oggetti più luminosi dell'universo e, forse, i più lontani finora individuati. Il loro nome è l'abbreviazione di* quas(i) (stell)ar (radio source), *(sorgente radio) quasi stellare, e si ritiene che siano dischi di materia che ruotano vorticosamente attorno a buchi neri.*

Il primo quasar, 3C273, venne scoperto nel 1963; negli anni seguenti ne furono individuati numerosi altri. Nonostante la loro straordinaria distanza, questi oggetti erano molto luminosi. I processi nucleari non erano in grado di giustificare tali livelli di emissione energetica, in quanto in essi solo una piccola parte della massa a riposo viene rilasciata sotto forma di pura energia. L'unica spiegazione alternativa era data dall'energia gravitazionale, rilasciata in seguito al collasso gravitazionale di un corpo celeste. I collassi gravitazionali delle stelle tornarono così a essere un tema della ricerca scientifica.

Era ormai chiaro che una stella sferica uniforme si sarebbe contratta in un punto di densità infinita, ossia una singolarità, alla quale non possono essere applicate le equazioni di Einstein. Ciò significa che, in corrispondenza di questo punto di densità infinita, è impossibile predire il futuro; e questo, a sua volta, implica che quando una stella collassa su se stessa potrebbe verificarsi qualcosa di bizzarro. Non saremmo toccati da questo venir meno della capacità predittiva della scienza, se le singolarità fossero nude, se cioè non fossero nascoste dall'orizzonte degli eventi.

> DS: *Una singolarità «nuda» è uno scenario teorico in cui una stella collassa senza che attorno a essa si formi un orizzonte degli eventi; in questo caso, la singolarità risulterebbe visibile.*

Il termine buco nero, introdotto da John Wheeler nel 1967, venne a sostituire la vecchia espressione di stella congelata. Con il neologismo, Wheeler voleva sottolineare che i resti delle stelle collassate avevano comunque un loro interesse, a prescindere da come si fossero formati. Il nuovo nome, che suggeriva qualcosa di scuro e misterioso, prese presto piede; i francesi, come al loro solito, colsero però subito un significato più scabroso e per anni si opposero all'adozione dell'espressione *trou noir*, ritenendola oscena. Ma era un po' come cercare di opporsi all'uso di anglicismi del tipo *le weekend*, così alla fine dovettero arrendersi: chi potrebbe resistere a un nome tanto efficace?

Guardando dall'esterno, non siamo in grado di stabilire che cosa ci sia dentro un buco nero. Potete gettarvi televisori, anelli di diamanti o anche i vostri peggiori nemici, e tutto quello che il buco nero ricorderà sarà soltanto la massa totale, lo stato di rotazione e la carica elettrica. John Wheeler è noto per aver espresso questo principio con la frase «un buco nero non ha peli», cosa che ai francesi suonò subito come una conferma dei loro sospetti.

Un buco nero ha un bordo, chiamato orizzonte degli eventi, costituito dall'insieme dei

punti in cui la gravità raggiunge la forza sufficiente a trascinare indietro la luce e a impedirne la fuga. Ora, dato che nulla può viaggiare più velocemente della luce, anche tutte le altre cose saranno a loro volta trascinate indietro. Cadere attraverso l'orizzonte degli eventi è un po' come affrontare le cascate del Niagara in canoa: se siete sopra le cascate, potete ancora salvarvi a patto di remare con sufficiente forza, ma una volta raggiunto il bordo siete perduti e non c'è modo di tornare indietro. Man mano che vi avvicinate alle cascate, la corrente diventa più veloce. Ciò significa che la parte anteriore della canoa è sottoposta a un'attrazione maggiore rispetto alla parte posteriore, quindi c'è il rischio che l'imbarcazione si spezzi. Lo stesso vale per i buchi neri. Se precipitate verso un buco nero tenendo davanti i piedi, questi ultimi saranno soggetti a un'attrazione gravitazionale maggiore rispetto alla testa, proprio in quanto più vicini alla singolarità; di conseguenza, il vostro corpo verrà allungato verticalmente e schiacciato lateralmente. Se la massa del buco nero supera solo di poche volte quella del Sole, verrete trasformati in spaghetti prima ancora di raggiungere l'orizzonte degli eventi. Se però precipitate verso un buco nero molto più grande, con una massa che supera di milioni di volte quella del Sole, potrete raggiungere l'orizzonte degli eventi senza difficoltà. Pertanto, se volete esplorare l'interno di un buco nero, assicuratevi prima di sceglierne uno grande. Al centro della nostra Via Lattea, per esempio, ce n'è uno con una massa di circa quattro milioni di volte quella del Sole che può fare al caso vostro.

> DS: *Oggi gli scienziati ritengono che al centro di ogni galassia ci sia un enorme buco nero; si tratta di una conclusione rimarchevole, tenendo conto di come l'esistenza di questi fenomeni astronomici sia stata confermata soltanto di recente.*

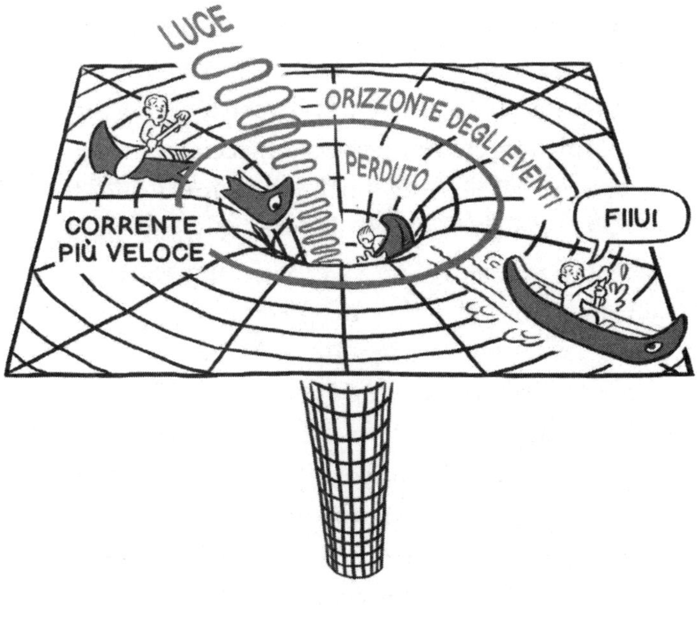

Anche se durante la vostra caduta in un buco nero non notereste nulla di particolare, un osservatore remoto non vi vedrebbe mai attraversare l'orizzonte degli eventi. Ai suoi occhi, il vostro moto subirà un progressivo rallentamento e il vostro corpo sembrerà librarsi appena sopra l'orizzonte. La vostra immagine si farà via via più debole e più rossa finché non sparirete del tutto dalla vista; a quel punto, per quanto riguarda il mondo esterno, sarete perduti per sempre.

> DS: *Dato che la luce non può fuggire dal buco nero, per un osservatore esterno sarebbe di fatto impossibile assistere alla vostra discesa. Nello spazio, nessuno può sentirvi gridare; e in un buco nero, nessuno può vedervi scomparire.*

Un sostanziale progresso nella nostra comprensione di questi misteriosi fenomeni arrivò nel 1970 grazie a una scoperta matematica: l'area della superficie dell'orizzonte degli eventi, il confine che racchiude un buco nero, ha la proprietà di crescere sempre ogni volta che questo oggetto inghiotte un'ulteriore quantità di materia o di radiazione. Tale proprietà indica che c'è una somiglianza tra l'area dell'orizzonte degli eventi e la fisica convenzionale newtoniana; nella fattispecie, il punto rilevante è costituito dal concetto di entropia della termodinamica. L'entropia può essere considerata come una misura del disordine di un sistema (o, in maniera equivalente, come una mancanza di conoscenza del suo preciso stato). La famosa Seconda legge della termodinamica afferma che, con il passare del tempo, l'entropia aumenta sempre. La scoperta del 1970 rappresentava il primo indizio di questo collegamento cruciale.

> *DS: L'entropia significa che ogni sistema ordinato tende a diventare più disordinato con il passare del tempo: così, per esempio, i mattoni impilati con cura per formare un muro (bassa entropia) finiranno per diventare un cumulo caotico di polvere (alta entropia). Questo processo è descritto dalla Seconda legge della termodinamica.*

Anche se l'esistenza di un collegamento tra l'entropia e l'area dell'orizzonte degli eventi era chiara, non era altrettanto evidente in che modo l'area potesse essere identificata come l'entropia di un buco nero. Che cosa voleva dire entropia di un buco nero? L'intuizione cruciale venne avanzata nel 1972 da Jacob Bekenstein, uno specializzando dell'Università di Princeton che avrebbe in seguito lavorato all'Università Ebraica di Gerusalemme. Secondo Bekenstein, quando un buco nero viene creato da un collasso gravitazionale, si stabilizza in breve tempo in uno stato stazionario caratterizzato da soli tre parametri: la massa, il momento angolare (lo stato di rotazione) e la carica elettrica. A parte queste tre proprietà, il buco nero non conserva nessun altro dettaglio dell'oggetto che è collassato.

Questo teorema presenta delle implicazioni per quanto riguarda l'informazione, intesa nel senso cosmologico: l'idea, cioè, che ogni particella e ogni forza nell'universo abbiano un'implicita risposta a una domanda chiusa (cui si replica con un sì o un no).

DS: *In questo contesto, con il termine informazione ci si riferisce a tutti i dettagli di ogni particella e di ogni forza associate a un oggetto. Quanto più una cosa è disordinata (ossia, quanto più alta è la sua entropia), tanto maggiore sarà l'informazione necessaria per descriverla. Come afferma il fisico e giornalista Jim Al-Khalili, un mazzo di carte ben mescolato ha un'entropia più alta di uno non mescolato e, di conseguenza, la sua descrizione richiede una spiegazione molto più lunga, ossia una quantità molto più elevata di informazione.*

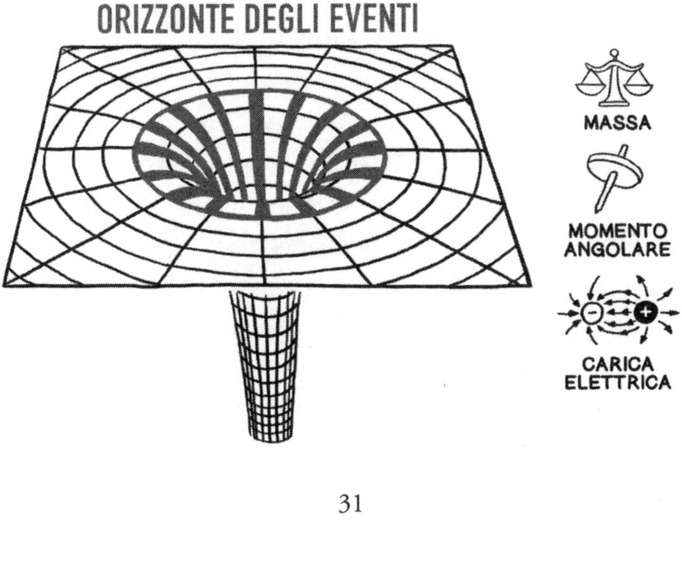

Il teorema di Bekenstein implica che nel collasso gravitazionale viene persa una grande quantità di informazione. Per esempio, lo stato finale del buco nero è indipendente dal fatto che il corpo collassato fosse composto da materia anziché da antimateria, o che fosse sferico anziché avere una forma irregolare. In altre parole, un buco nero con determinati valori di massa, momento angolare e carica elettrica potrebbe essere nato dal collasso di un gran numero di differenti configurazioni di materia (tra cui molti tipi diversi di stelle). Di fatto, se si lasciano da parte gli effetti quantistici, il numero di potenziali configurazioni sarebbe infinito, dato che il buco nero potrebbe essersi creato dal collasso di una nube formata da un numero indefinitamente grande di particelle, di massa indefinitamente piccola. Ma il numero di configurazioni potrebbe davvero essere infinito? È qui che entrano in gioco gli effetti quantistici.

Il principio di indeterminazione della meccanica quantistica implica che solo le particelle con una lunghezza d'onda più piccola di quella del buco nero stesso possono formare un buco nero.

Ciò significa che la gamma di possibili lunghezze d'onda sarebbe limitata: non potrebbe essere infinita.

DS: *Il principio di indeterminazione, formulato negli anni Venti dal celebre fisico tedesco Werner Heisenberg, afferma che non possiamo mai localizzare o predire la posizione precisa delle particelle più piccole. Così, sulla cosiddetta scala quantistica, la natura è caratterizzata da una sfocatura che la distingue in modo radicale dall'universo precisamente ordinato descritto da Isaac Newton.*

Sembra quindi che il numero di configurazioni da cui potrebbe aver origine un buco nero di una data massa, momento angolare e carica elettrica potrebbe anche essere finito, per quanto molto grande. Bekenstein ipotizzò che da questo numero finito sarebbe stato possibile derivare l'entropia di un buco nero, la quale sarebbe quindi una misura della quantità di informazione andata irrimediabilmente perduta durante il collasso che ha portato alla formazione del buco nero.

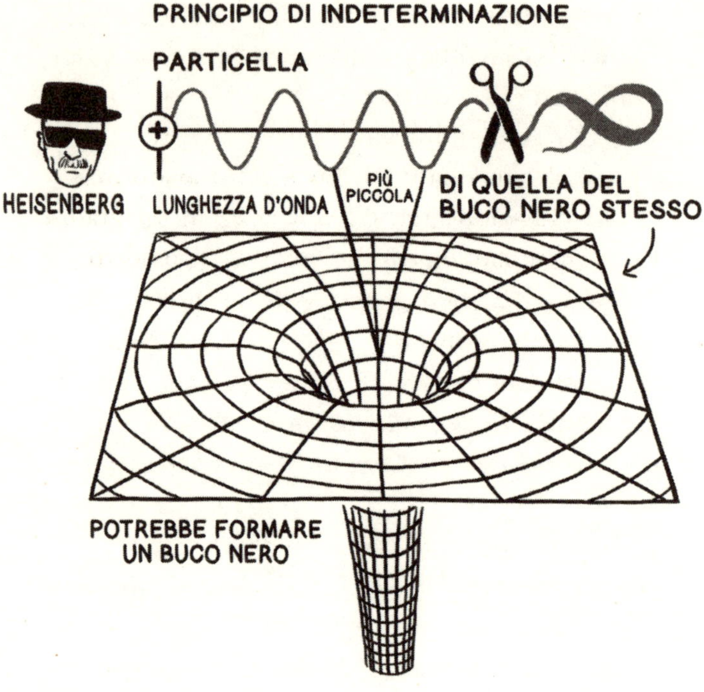


La pecca, in apparenza fatale, nell'ipotesi di Bekenstein era che, se un buco nero ha un'entropia finita proporzionale all'area del suo orizzonte degli eventi, dovrebbe anche avere una temperatura finita, proporzionale alla sua gravità di superficie. Ciò implicherebbe che un buco nero potrebbe trovarsi in equilibrio rispetto alla radiazione termica a una qualche temperatura diversa da zero. Tuttavia, stando ai concetti classici, nessun equilibrio di questo genere sarebbe possibile, in quanto il buco nero assorbirebbe ogni radiazione termica senza essere in grado, per definizione, di emettere qualcos'altro in cambio. Un buco nero non può emettere nulla, nemmeno calore.

> DS: *Se l'informazione viene perduta – che, a quanto pare, è ciò che avviene in un buco nero – ci dovrebbe essere un qualche rilascio di energia; tuttavia, ciò è in contrasto con la teoria secondo cui dai buchi neri non può uscire nulla.*

Siamo di fronte a un paradosso su cui ritornerò nella mia prossima lezione, quando vedremo come i buchi neri rappresentano una sfida al principio più fondamentale che riguarda la prevedibilità dell'universo e la certezza della storia, e ci chiederemo che cosa succederebbe se venissimo risucchiati in uno di questi oggetti.

DS: *Stephen Hawking ci ha così accompagnati in un viaggio scientifico in cui, partendo dall'affermazione di Einstein secondo cui le stelle non potrebbero collassare, siamo passati attraverso l'accettazione della realtà dei buchi neri per arrivare infine a uno scontro fra teorie su come questi bizzarri fenomeni possono esistere e funzionare.*

# 2

# I buchi neri non sono poi così neri come li dipingono

Nella mia precedente lezione vi ho lasciati in sospeso con un paradosso sulla natura dei buchi neri, gli oggetti incredibilmente densi creati dal collasso delle stelle. Secondo una teoria, è possibile che da un numero infinito di differenti tipi di stelle si formino buchi neri con qualità identiche; secondo un'altra, il numero di possibili tipi di stelle potrebbe invece essere finito. Si tratta di un problema legato all'informazione, ossia all'idea che, nell'universo, ogni particella e ogni forza contengano un'implicita risposta a una domanda chiusa con risposta del tipo sì-no.

Dato che «i buchi neri non hanno peli», per citare John Wheeler, un osservatore esterno non può dire che cosa c'è al loro interno, a parte la loro massa, il loro stato di rotazione e la loro carica elettrica. Ciò significa che un buco nero contiene molta informazione che risulta nascosta al mondo esterno. Se la quantità di informazione nascosta in un buco nero dipende dalle sue dimensioni, ci potremmo aspettare – in base ai principi generali della fisica – che questo oggetto abbia una temperatura e che brilli come un pezzo di metallo arroventato. Ciò è però impossibile, in quanto, come tutti sanno, da un buco nero non può uscire nulla. O almeno così si pensava.

Questo paradosso si è protratto fino all'inizio del 1974, quando ero impegnato a studiare quale sarebbe stato, alla luce della meccanica quantistica, il comportamento della materia in prossimità di un buco nero.

DS: *La meccanica quantistica è la scienza dell'estremamente piccolo e si propone di spiegare il comportamento delle più minuscole particelle. Queste ultime non agiscono in base alle leggi formulate da Isaac Newton, che governano il movimento degli oggetti molto più grandi, come i pianeti. Il ricorso alla meccanica quantistica per studiare il comportamento delle realtà più grandi è stato uno dei pionieristici contributi di Hawking alla scienza.*

Con mia grande sorpresa, scoprii che i buchi neri sembravano emettere particelle a un tasso costante. Come tutti gli scienziati dell'epoca, anch'io accettavo la massima secondo cui un buco nero non poteva emettere nulla e, di conseguenza, provai in tutti i modi a liberarmi di questo imbarazzante risultato. Tuttavia, più ci pensavo, più si rifiutava di sparire, tanto che dovetti rassegnarmi ad accettarlo. Ciò che alla fine mi convinse che si trattava di un processo fisico reale fu il fatto che le lunghezze d'onda delle particelle emesse erano precisamente termiche. I miei calcoli predicevano che un buco nero crea ed emette particelle e radiazione proprio come se fosse un normale corpo caldo, con una temperatura proporzionale alla sua gravità di superficie e inversamente proporzionale alla sua massa.

*DS: Questi calcoli mostrarono per la prima volta che un buco nero non era necessariamente una strada senza uscita. Come prevedibile, le emissioni ipotizzate da questa teoria divennero note come la radiazione di Hawking.*

Negli anni seguenti, le prove matematiche riguardo all'emissione di radiazione termica da parte dei buchi neri sono state confermate da numerose altre persone che hanno studiato il fenomeno adottando gli approcci più diversi. Un modo di comprendere queste emissioni è il seguente. La meccanica quantistica implica che l'intero spazio è pieno di coppie di particelle e antiparticelle virtuali, che continuano a materializzarsi a due a due per poi separarsi e tornare infine a unirsi annichilendosi a vicenda.

DS: *Questo concetto si basa sull'idea secondo cui lo spazio vuoto non è mai del tutto vuoto. Stando al principio di indeterminazione della meccanica quantistica, infatti, c'è sempre la possibilità che si materializzino nuove particelle, per quanto breve possa essere la loro esistenza; e questo fenomeno riguarderebbe sempre coppie di particelle, con caratteristiche opposte, che appaiono e scompaiono.*

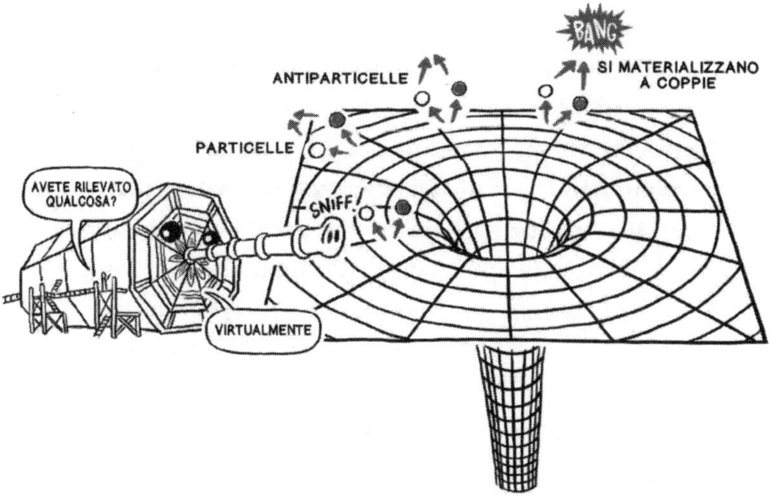


Queste particelle sono dette virtuali in quanto, a differenza delle particelle reali, non possono essere osservate direttamente tramite un rilevatore. I loro effetti indiretti possono tuttavia essere misurati, e la loro esistenza è stata confermata da un piccolo spostamento, detto spostamento di Lamb, che producono nel livello di energia emessa dagli atomi di idrogeno eccitati. Ora, in presenza di un buco nero, un membro di una coppia di particelle virtuali potrebbe cadere nel buco, lasciando così l'altro membro senza il partner necessario per la reciproca annichilazione. La particella (o antiparticella) rimasta sola potrebbe a sua volta cadere nel buco nero dopo la sua compagna, ma potrebbe anche riuscire a fuggire allontanandosi nello spazio esterno, dove apparirebbe come una radiazione emessa dal buco nero.

> DS: *La chiave per comprendere questo punto è che, di norma, la formazione e la scomparsa di queste particelle passano inosservate. Tuttavia, se il processo avviene proprio sul bordo di un buco nero, è possibile che un membro della coppia venga trascinato dentro e l'altro no: in questo caso, dal punto di vista di un osservatore esterno, sembrerebbe che la particella fuggita sia stata «sputata fuori» dal buco nero stesso.*

Un buco nero di massa pari a quella del Sole rilascerebbe particelle a un tasso così lento da rendere il processo impossibile da rilevare. Tuttavia, potrebbero esistere mini buchi neri molto più piccoli, con una massa pari – diciamo – a quella di una montagna. Un buco nero di questa massa emetterebbe raggi X e raggi gamma a un tasso di circa 10 milioni di megawatt, una quantità di energia sufficiente a sopperire al fabbisogno di elettricità del mondo intero. Non sarebbe comunque facile imbrigliare un mini buco nero di questo genere. Non potremmo tenerlo in una centrale elettrica, in quanto sprofonderebbe attraverso il pavimento e finirebbe al centro della Terra. Se disponessimo di un buco nero come questo, l'unico modo per tenerlo sotto controllo sarebbe farlo orbitare attorno alla Terra.

Le ricerche per individuare dei mini buchi neri di questa massa finora non hanno avuto successo. È un peccato perché, se ne avessero trovato uno, io avrei ottenuto il premio Nobel! Un'altra possibilità, comunque, è quella di riuscire a creare buchi neri microscopici nelle dimensioni ulteriori dello spaziotempo.

DS: *Queste dimensioni ulteriori sono qualcosa che sta oltre le tre dimensioni con cui tutti abbiamo quotidianamente a che fare, più la quarta dimensione del tempo. L'idea è nata nel quadro di un tentativo di spiegare perché la gravità è molto più debole rispetto alle altre forze, come il ma-*

*gnetismo: la risposta sarebbe, per l'appunto, che forse essa deve operare anche in ulteriori dimensioni parallele.*

Stando ad alcune teorie, l'universo conosciuto attraverso la nostra esperienza è soltanto una superficie quadridimensionale in uno spazio di dieci o undici dimensioni. Il film *Interstellar* ci

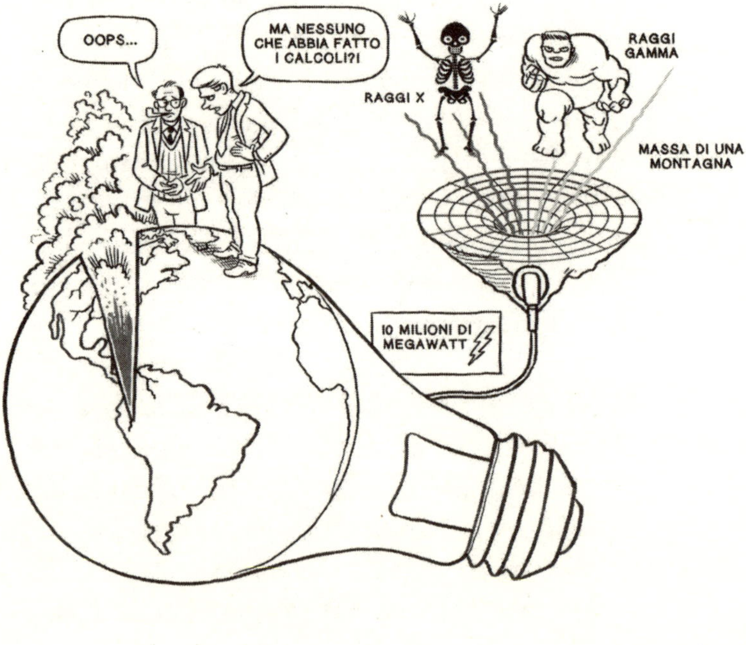

dà un'idea di come potrebbe essere questa realtà ultradimensionale. Noi non vedremmo queste dimensioni ulteriori perché la luce non si propagherebbe attraverso di esse, ma solo attraverso le quattro dimensioni ordinarie del nostro universo. La gravità, però, influirebbe sulle dimensioni extra e sarebbe molto più forte lì che non nel nostro universo; e proprio questo renderebbe parecchio più semplice la formazione di un piccolo buco nero nelle ulteriori dimensioni. Potrebbe essere possibile osservare tale fenomeno all'LHC, il Large Hadron Collider del CERN, in Svizzera. Questo acceleratore di particelle consiste in un tunnel circolare lungo 27 chilometri. Due fasci di particelle viaggiano attraverso questo tunnel muovendosi in direzioni opposte e vengono fatti scontrare; ora, alcune di queste collisioni potrebbero creare dei buchi neri microscopici, che emetterebbero particelle secondo uno schema facilmente riconoscibile. Pertanto, alla fine, potrei anche riuscire a ricevere il premio Nobel!

DS: *Il premio Nobel per la fisica viene assegnato quando una teoria è testata dal tempo, ovvero* *quando è confermata da solide osservazioni empiriche. Per esempio, Peter Higgs è uno degli scienziati che, negli anni Sessanta, avevano ipotizzato l'esistenza di una particella che dava alle altre la loro massa. Quasi cinquant'anni dopo, due differenti rilevatori all'*LHC *hanno individuato i segni caratteristici di quello che era ormai diventato famoso come il bosone di*

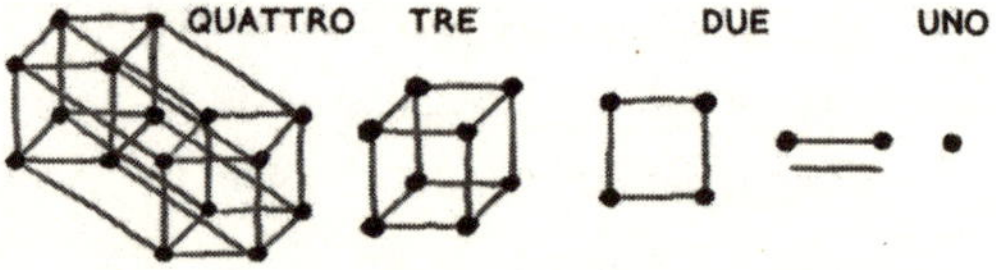


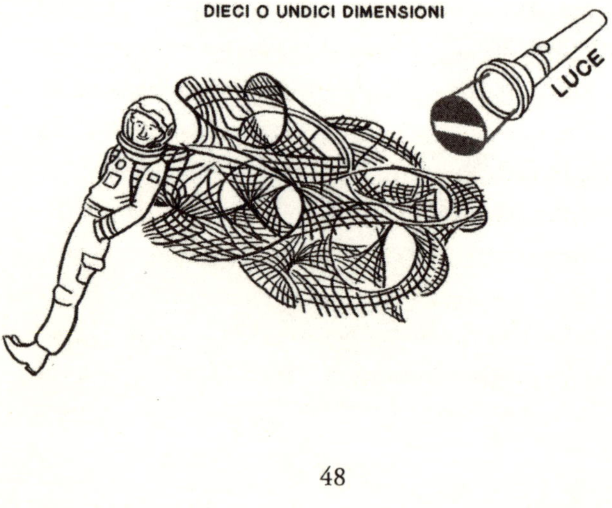

*Higgs. È stato un trionfo della scienza e dell'ingegneria, dell'intelligenza nell'elaborare le teorie e dell'impegno nel cercare le prove; e, come risultato, Peter Higgs e lo scienziato belga François Englert sono stati insigniti del premio. Finora non è stata trovata alcuna prova fisica della radiazione di Hawking, e qualche scienziato ritiene che sarà troppo difficile da individuare. Tuttavia, con i buchi neri che vengono studiati sempre più nel dettaglio, forse un giorno questa ipotesi potrà essere a sua volta confermata.*

Quando le particelle fuggono da un buco nero, quest'ultimo perde massa e si contrae; ciò farà crescere ancora di più il suo tasso di emissione di particelle e, alla fine, il buco nero perderà tutta la sua massa e scomparirà. Che cosa ne è allora di tutte le particelle e degli sfortunati astronauti caduti al suo interno? Non è possibile che si limitino semplicemente a riemergere quando il buco nero scompare. Sembra che l'informazione su ciò che vi è caduto dentro sia andata perduta, fatta eccezione per quella riguardante la quantità di massa, il momento angolare e la carica elettrica. Ma se l'informazione *è* di fatto perduta, emerge un grave problema che investe uno dei cardini della nostra comprensione della scienza.

Per più di duecento anni abbiamo creduto nel determinismo scientifico, ossia nell'affermazione secondo cui le leggi della scienza determinano l'evoluzione dell'universo. Questo principio venne formulato da Pierre-Simon Laplace, secondo il quale, se conosciamo lo stato dell'universo in un dato momento, le leggi della scienza ci permetteranno di determinare tutti i suoi stati futuri e passati. Si dice che Napoleone abbia chiesto a Laplace qual era il posto di Dio in questo quadro: «Sire, non ho avuto bisogno di questa ipotesi» gli avrebbe risposto lo scienziato. Non penso che Laplace intendesse sostenere che Dio non esiste, ma solo che non interviene per violare le leggi della scienza. Questa dev'essere la posizione di ogni scienziato: una legge scientifica non è tale se è valida solo quando un essere soprannaturale decide di non intervenire e lasciare che le cose vadano per il loro corso.

Nel determinismo di Laplace, per predire il futuro era necessario conoscere le posizioni e le velocità di tutte le particelle in un determinato istante. Tuttavia, noi dobbiamo tener conto anche del principio di indeterminazione, formulato da Werner Heisenberg nel 1923, che sta al cuore della meccanica quantistica.

Questo principio afferma che quanto più è elevata la precisione con cui conosciamo le posizioni delle particelle, tanto meno potrà essere precisa la nostra conoscenza delle loro velocità, e viceversa. In altre parole, non possiamo conoscere con esattezza sia le posizioni sia le velocità. Com'è quindi possibile predire con accuratezza il futuro? La risposta è che anche se non possiamo predire le posizioni e le velocità separatamente, possiamo però predire il cosiddetto stato quantico, dal quale è possibile calcolare sia le posizioni sia le velocità con un certo grado di precisione. Ci aspettiamo quindi ancora che l'universo sia deterministico, nel senso che se conosciamo il suo stato quantico in un certo istante, le leggi della scienza dovrebbero permetterci di predire il valore di tale stato in un qualunque altro momento.

DS: *Il discorso di Hawking, partito come una spiegazione di ciò che accade in prossimità di un orizzonte degli eventi, si è sviluppato in una riflessione più profonda su alcuni dei temi filosofici più importanti che stanno alla base della scienza – dalla visione newtoniana dell'universo come un preciso orologio alle leggi di Laplace e all'indeterminazione di Heisenberg – e sui punti dove tali fondamenti vengono messi in discussione dal mistero dei buchi neri. In sostanza, mentre secondo la teoria della relatività generale di Einstein l'informazione che entra in un buco nero viene distrutta, stando alla meccanica quantistica essa non può andare perduta.*

Se nei buchi neri l'informazione andasse perduta, noi non saremmo più in grado di predire il futuro, in quanto un buco nero potrebbe emettere qualunque insieme di particelle. Potrebbe rilasciare un televisore funzionante, o un volume rilegato in pelle dell'*opera omnia* di Shakespeare (anche se la possibilità di emissioni così stravaganti sarebbe comunque molto bassa). Potrebbe sembrare che l'impossibilità di predire ciò che esce da un buco nero non abbia poi una grande importanza: in fin dei conti, vicino a noi non ci sono buchi neri. Si tratta però di una questione di principio. Se il determinismo – ossia, la prevedibilità dell'universo – viene meno con i buchi neri, può venire meno anche in altre situazioni. E, cosa ancora peggiore, se il determinismo cessa di valere, non possiamo essere sicuri nemmeno della nostra storia passata. I libri di storia e i nostri ricordi potrebbero essere soltanto illusioni. È il passato a dirci chi siamo; senza di esso, perdiamo la nostra identità.

Era quindi molto importante stabilire se nei buchi neri l'informazione andasse di fatto perduta o se, almeno in linea di principio, sarebbe stato possibile recuperarla. Molti scienziati propendevano d'istinto per questa seconda alternativa, ma nessuno era in grado di indicare un meccanismo che consentisse di preservare l'informazione. I dibattiti proseguirono per anni. Alla fine, trovai quella che ritengo essere la risposta. Si fonda sull'idea di Richard Feynman secondo cui, invece di una singola storia, ci sono molte diverse storie possibili, ognuna con un proprio valore di probabilità. In questo caso, ci sono due tipi di storie: nel primo, c'è un buco nero in cui le particelle possono cadere; nel secondo, non c'è nessun buco nero.

Il punto è che, dall'esterno, non possiamo essere certi se ci sia un buco nero oppure no; pertanto, c'è sempre una chance che un buco nero non ci sia. Questa possibilità è sufficiente a preservare l'informazione, la quale però non ci viene restituita in una forma molto utile. È un po' come bruciare un'enciclopedia: se conservate tutto il fumo e la cenere l'informazione non è andata perduta, ma è comunque difficile da leggere. Lo scienziato Kip Thorne e io avevamo scommesso con un altro fisico, John Preskill, che nei buchi neri l'informazione sarebbe andata perduta: quando ho scoperto in che modo sarebbe invece possibile preservarla, ho pagato la scommessa e regalato a Preskill un'enciclopedia. Forse, però, avrei dovuto limitarmi a dargli le ceneri.

DS: *In teoria, e stando a una visione puramente deterministica dell'universo, potete bruciare un'enciclopedia e quindi ricostruirla, ammesso di conoscerne le caratteristiche e le posizioni di tutti gli atomi che formavano ogni singola molecola della carta e dell'inchiostro, e di essere in grado di tener traccia di tutte queste particelle in ogni istante.*

Al momento sto lavorando con il mio collega di Cambridge Malcolm Perry e con Andrew Strominger, di Harvard, su una nuova teoria basata su un'idea matematica chiamata supertraslazione, con l'obiettivo di spiegare il meccanismo attraverso il quale l'informazione viene restituita dal buco nero. Stando alla nostra teoria, l'informazione è codificata sul suo orizzonte. Restate sintonizzati!

DS: *Dopo la registrazione delle Reith Lectures, il professor Hawking e i suoi colleghi hanno pubblicato un articolo in cui sostengono, su basi matematiche, che l'informazione può essere immagazzinata nell'orizzonte degli eventi. Secondo questa teoria, l'informazione viene trasformata in un ologramma bidimensionale attraverso un processo noto come supertraslazione. L'articolo, intitolato* Soft Hair on Black Holes, *ci offre uno scorcio assai rivelatore del linguaggio esoterico usato in questo campo (come mostra l'abstract riportato alla fine di questa lezione) e della sfida che gli scienziati devono affrontare nel tentativo di spiegarlo.*

Che cosa ci dice tutto questo in relazione alla domanda se è possibile cadere in un buco nero per poi uscire in un altro universo? L'esistenza di storie alternative con e senza buchi neri indica che ciò potrebbe essere possibile. Il buco in questione dovrebbe essere grande e, nel caso fosse rotante, potrebbe contenere un passaggio per un altro universo. Non si potrebbe però ritornare nel nostro universo. Così, pur essendo un appassionato di voli spaziali, non ho intenzione di provare di persona.

> DS: *Se un buco nero è rotante, al suo cuore potrebbe non esserci una singolarità intesa nel senso di un punto di densità infinita, ma una singolarità in forma di anello. E questo ci porta a riflettere sulla possibilità che qualcosa non si limiti semplicemente a cadere in un buco nero, ma che venga di fatto ad attraversarlo. Ciò significherebbe lasciare l'universo come lo conosciamo. E Stephen Hawking conclude con una ipotesi provocante: che, cioè, dall'altra parte potrebbe esserci qualcosa.*

Il messaggio che vorrei lasciare, pertanto, è che i buchi neri non sono poi così neri come li dipingono. Non sono quelle prigioni eterne che crede-

vamo. Le cose possono uscire da un buco nero, sia in questo universo sia – magari – in un altro. Così, se vi sentite in un buco nero, non arrendetevi: c'è sempre una via d'uscita!

# Soft Hair on Black Holes

*Stephen W. Hawking*, Malcolm J. Perry**
*e Andrew Strominger***

***Abstract***

* DAMTP, Centre for Mathematical Sciences, University of Cambridge, Cambridge, CB3 0WA, UK
** Center for the Fundamental Laws of Nature, Harvard University, Cambridge, MA 02138, USA

È stato di recente mostrato che le simmetrie di supertraslazione BMS implicano un numero infinito di leggi di conservazione per tutte le teorie gravitazionali negli spazitempi asintoticamente minkowskiani. Queste leggi richiedono che i buchi neri abbiano una grande quantità di peli morbidi (ossia, a zero energia) di supertraslazione. In modo analogo, la presenza di un campo di Maxwell implica che ci siano anche peli morbidi elettrici. Questo articolo fornisce una descrizione esplicita di tali peli morbidi in termini di gravitoni o fotoni presenti sull'orizzonte del buco nero, e mostra che tutta l'informazione relativa al loro stato quantico è immagazzinata su un ologramma situato al confine futuro dell'orizzonte.

La conservazione di carica viene usata per fornire un numero infinito di relazioni esatte tra i prodotti dell'evaporazione di buchi neri che hanno differenti peli morbidi ma per il resto sono identici. Si afferma inoltre che i peli morbidi che sono localizzati in uno spazio molto più piccolo di una lunghezza di Planck non possono essere eccitati in un processo fisicamente realizzabile, il che ci dà un numero effettivo di gradi di libertà morbidi proporzionale all'area dell'orizzonte espressa in unità di Planck.

# Postfazione

# Un secolo di buchi neri

*di Marco Cattaneo*

È trascorso quasi mezzo secolo da quando John Wheeler usò per la prima volta l'espressione «buco nero» in una conferenza pubblica per descrivere una singolare proprietà di quegli ipotetici corpi celesti che, all'epoca, venivano comunemente chiamati *frozen star*, «stelle congelate». In realtà l'aveva coniata la giornalista Ann Ewing nel gennaio del 1964 in un articolo intitolato *Black Holes in Space*, letteralmente «buchi neri nello spazio». Ma è da quella conferenza di Wheeler che è diventata una delle espressioni più popolari nella storia della scienza. A ben vedere, però, l'enigma di questi abitanti estremi del cosmo risale esattamente a un secolo fa.

Poche settimane dopo che Albert Einstein aveva sviluppato la teoria della relatività generale presentandola in quattro memorabili lezioni all'Accademia Prussiana delle Scienze, Karl Schwarzschild – impegnato con l'esercito tedesco nei combattimenti sul fronte russo e colpito da una dolorosa malattia autoimmune – elaborava la soluzione esatta delle equazioni del campo gravitazionale per una massa sferica non in rotazione. E inviò quella soluzione allo stesso Einstein, che il 16 gennaio 1916 la presentò ancora all'Accademia Prussiana delle Scienze. Schwarzschild sarebbe morto a maggio dello stesso anno, per l'aggravarsi della malattia, ma la sua analisi spalancò le porte a conseguenze inaspettate. In particolare, a una certa distanza dal centro della sfera, che dipende dalla massa del corpo, le equazioni di Einstein non funzionano più, alcuni parametri diventano infiniti. Si è in presenza di quella che i fisici chiamano una «singolarità». Oggi quella distanza prende il nome di raggio di Schwarzschild, e definisce l'orizzonte degli eventi, la superficie che circonda un buco nero e da cui nemmeno la luce può sfuggire.

Ed è qui che cominciarono i problemi. Nessuno all'epoca capiva la natura della superficie sferica racchiusa entro il raggio di Schwarzschild. Nel 1924 Arthur Eddington – un'autorità indiscussa nell'astronomia di inizio Novecento, soprattutto dopo che, nel 1919, aveva dato la prima conferma della relatività generale osservando la deflessione della luce dovuta alla gravità in occasione di un'eclissi di Sole – dimostrò che per far sparire la singolarità era sufficiente eseguire un cambiamento di coordinate. La singolarità veniva così liquidata come una questione geometrica; non era una vera singolarità fisica. Ciò nonostante, due anni più tardi lo stesso Eddington scopriva che se una stella fosse stata compressa fino ad avere le dimensioni del raggio di Schwarzschild sarebbero successe cose strane, inammissibili agli occhi di un cosmologo di quel tempo. E nel suo libro *The Internal Constitution of the Stars* scrisse che «una stella di 250 milioni di chilometri di raggio non potrebbe avere una densità elevata come il Sole. Prima di tutto, la forza di gravità sarebbe così grande che la luce non potrebbe sfuggirne, i raggi ricadrebbero all'indietro come una pietra sulla Terra». Era andato vicino alla descrizione popolare di un buco nero.

Ma era solo l'inizio. Nel 1930, durante il viaggio che lo portava dall'India all'Università di Cambridge, un giovane fisico indiano elaborò un calcolo che, negli anni seguenti, lo avrebbe portato a una conclusione sorprendente. Ad appena diciannove anni, Subrahmanyan Chandrasekhar aveva dimostrato che, se la massa di una stella supera un valore pari a circa 1,44 volte la massa del Sole, allora alla fine della sua vita la stella è destinata a collassare in una stella di neutroni oppure in quello che oggi chiamiamo un buco nero. Dunque, la singolarità della soluzione di Schwarzschild non metteva solo in crisi l'impianto matematico della relatività generale. Gettava piuttosto un'ombra sulle convinzioni degli scienziati dell'epoca, persuasi che l'evoluzione di una stella portasse inevitabilmente alla formazione di una nana bianca, vale a dire il residuo caldo e compatto di una stella che ha esaurito il combustibile necessario per la fusione nucleare. La singolarità poteva invece rappresentare una situazione fisica reale, in cui i resti di una stella di grande massa avrebbero continuato a contrarsi sotto la spinta dell'attrazione gravitazionale fino a raggiungere una densità infinita.

Sebbene avesse un solido fondamento teorico, l'intuizione di Chandrasekhar sfidava lo status quo, e fu inizialmente ignorata, per poi incontrare l'opposizione di buona parte della comunità scientifica. Il più aspro dei critici fu proprio Eddington. Era perfettamente consapevole che l'esistenza delle singolarità era prevista dalla teoria e che l'esistenza del limite di Chandrasekhar – questo è il nome che oggi diamo a quel valore della massa di una stella – le rendeva fisicamente possibili. Semplicemente, si rifiutava di accettarlo. Così invitò cerimoniosamente Chandrasekhar a esporre i suoi risultati alla Royal Astronomical Society. Ma l'11 gennaio 1935, dopo che il giovane fisico indiano ebbe concluso la sua conferenza, Eddington intervenne con insolenza, con tutta la forza della sua celebre arte oratoria. La teoria di Chandrasekhar, disse, non era nulla più che un gioco matematico, privo di fondamento nella realtà. Come avrebbe potuto sparire nel nulla un corpo celeste delle dimensioni di una stella?

Gli argomenti di Eddington erano puri artifici retorici, ma la sua reputazione impedì che altri prendessero le parti di Chandra, il diminutivo con cui tutti chiamavano Chandrasekhar. Anche fisici di fama come Niels Bohr e Wolfgang Pauli riconoscevano che l'analisi di Chandra era corretta. Ma nessuno gli diede pubblico sostegno. La controversia proseguì per qualche anno, tra articoli e meeting scientifici in cui i due continuarono a scontrarsi. Finché nel 1939, a Parigi, Eddington sostenne che non poteva esserci alcun test sperimentale per stabilire se fosse corretta la teoria di Chandra oppure una, a lui più gradita, secondo la quale una nana bianca non sarebbe mai collassata completamente. In quell'occasione, però, Gerard Kuiper, celebre astronomo e massimo esperto di nane bianche, intervenne con decisione, facendo osservare a Eddington che aveva appena presentato prove a sostegno della teoria di Chandra. Nel suo intervento, come racconta Arthur I. Miller nel libro *L'impero delle stelle*, Kuiper aveva mostrato i calcoli relativi alla massa di numerose nane bianche da lui individuate. Tutte avevano massa sorprendentemente piccola, quasi sempre inferiore alla massa del Sole. La teoria di Chandra, aveva sottolineato, era la sola compatibile con i dati osservativi.

La querelle finì lì. E nel 1983 Subrahmanyan Chandrasekhar fu insignito del premio Nobel per la fisica «per i suoi studi teorici dei processi fisici rilevanti per la struttura e l'evoluzione delle stelle». Ma l'aggressione che aveva subito da parte di Eddington lo tormentò fino alla fine dei suoi giorni, nel 1995.

Quella tra Eddington e Chandra fu la prima grande controversia – e sicuramente la più sgradevole per i modi del fisico britannico – a proposito degli oggetti più stravaganti del cosmo. Che in quegli anni stuzzicavano l'attenzione di tutti. Tra gli altri, anche il fisico russo Lev Landau riteneva che ci dovesse essere un meccanismo per cui il collasso della stella si sarebbe arrestato. E ancora nel 1939, in ottobre, lo stesso Einstein, che vedeva la singolarità come una minaccia alla consistenza della relatività generale, pubblicò sugli «Annals of Mathematics» un articolo in cui calcolava che, per raggiungere la densità richiesta per collassare all'interno dell'orizzonte degli eventi, la materia di cui è composta una stella avrebbe dovuto superare la velocità della luce, violando il limite stabilito dalla relatività ristretta. E liquidò la singolarità con poche, lapidarie parole: «Il risultato essenziale di questo studio è una chiara comprensione del perché le "singolarità di Schwarzschild" non esistono nella realtà fisica».

Appena un mese prima, in un lavoro divenuto una pietra miliare nella storia dei buchi neri, Robert Oppenheimer e Hartland Snyder avevano raggiunto conclusioni opposte. Nel loro articolo *On Continued Gravitational Contraction*, pubblicato su «Physical Review», avevano calcolato che una stella di neutroni di circa tre masse solari collasserebbe in un buco nero proprio secondo i meccanismi individuati da Chandra. I rilievi di Landau erano invece in parte corretti: una stella di massa appena superiore al limite di Chandrasekhar sarebbe collassata solo fino allo stato di stella di neutroni. Ma al di sopra delle tre masse solari nessun processo fisico avrebbe potuto impedire a una stella di diventare una stella congelata. Questa espressione fu ispirata a Oppenheimer dal fatto che un ipotetico osservatore esterno vedrebbe la stella congelata nel tempo all'istante in cui è collassata all'interno del suo raggio di Schwarzschild.

Giunti a questo punto, lo studio delle stelle congelate conobbe una brusca interruzione. Il 1° settembre 1939, lo stesso giorno in cui «Physical Review» pubblicava il lavoro di Oppenheimer e Snyder, la Germania di Hitler invadeva la Polonia. Di lì a breve la Seconda guerra mondiale avrebbe spostato anche l'attenzione degli scienziati sullo sforzo bellico. Già in agosto, infatti, Albert Einstein aveva inviato una lettera al presidente degli Stati Uniti, Franklin Delano Roosevelt, per informarlo dei rilevanti sviluppi della fissione nucleare, osservata sperimentalmente pochi mesi prima da Otto Hahn e Fritz Strassmann e descritta teoricamente da Lise Meitner e Otto Frisch. Nella missiva, Einstein sottolineava che oltre «a dare origine a una nuova e importante fonte di energia», l'uranio avrebbe permesso di «giungere alla costruzione di bombe che – è da supporre – saranno di tipo nuovo ed estremamente potenti».

Dopo l'entrata in guerra degli Stati Uniti in seguito all'attacco di Pearl Harbor, la decisione di sviluppare la bomba atomica in seno al Progetto Manhattan, sotto la guida scientifica proprio di Oppenheimer, coinvolse moltissimi scienziati, tra i quali anche molti esuli europei.

Così alla fine del conflitto le singolarità previste dalla relatività generale erano praticamente cadute nel dimenticatoio. Anche perché i cosmologi si erano appassionati a un'altra disputa, quella sull'evoluzione dell'universo, che vedeva fronteggiarsi i sostenitori della teoria dello stato stazionario di Fred Hoyle da una parte e i fautori della teoria del big bang dall'altra. E più in generale, con la costruzione di nuovi potenti strumenti, la fisica sperimentale stava portando alla luce lo sterminato zoo di nuove particelle che alla fine degli anni Sessanta sarebbe stato sistematizzato nel cosiddetto «modello standard».

Poi, quasi all'improvviso, nel 1958 David Finkelstein fece una curiosa scoperta. Insieme a Charles Misner, dimostrò che il raggio di

Schwarzschild è un orizzonte degli eventi. In altre parole, qualsiasi cosa si avvicini a una singolarità a una distanza inferiore al raggio di Schwarzschild non può più sfuggirne. La superficie di Schwarzschild, scrisse su «Physical Review», è «una perfetta membrana unidirezionale».

Il lavoro di Finkelstein segnò l'inizio dell'età dell'oro dei buchi neri, che divennero rapidamente un argomento molto popolare della ricerca in astrofisica e cosmologia. Furono trovate soluzioni più generali per singolarità rotanti e anche elettricamente cariche. Ma soprattutto prese forma il cosiddetto teorema no-hair, che rappresentò una svolta determinante nello studio dei buchi neri. I lavori di Werner Israel, Brandon Carter e David Robinson dimostrarono che un buco nero è descritto solamente da tre grandezze fisiche, come ricorda Stephen Hawking in queste pagine: la massa, il momento angolare, ovvero il suo stato di rotazione, e la carica elettrica. Tutte le altre informazioni contenute nella materia che cade nel buco nero «scompaiono» al di là dell'orizzonte degli eventi, diventando inaccessibili per sempre a un osservatore esterno. Al solito, fu il vulcanico John Wheeler il primo a etichettare questa nuova peculiarità con un'espressione colorita, dicendo che «i buchi neri non hanno peli», anche se successivamente, in un'intervista televisiva, ne avrebbe riconosciuto la paternità a Jacob Bekenstein, un giovane emergente nel panorama della fisica dei buchi neri.

Infine, a ravvivare ulteriormente gli entusiasmi arrivarono i progressi nell'astronomia osservativa. Nel 1967 la scoperta delle pulsar, stelle di neutroni in rapida rotazione, mise letteralmente sotto gli occhi di fisici e astronomi uno di quei fenomeni di cui da cinquant'anni fantasticavano, ma che fino ad allora erano rimasti calcoli sulla carta.

È in questo clima che fa irruzione un altro giovane, di straordinario talento, che ha conseguito il dottorato in cosmologia a Cambridge con una tesi che tratta dell'esistenza delle singolarità, ma descrive anche la genesi dell'intero universo da una singolarità. Il lavoro di Stephen Hawking – grazie anche alla sfrontatezza con cui affronta le dispute scientifiche – guadagna subito importanti riconoscimenti e il rispetto dei massimi esperti in materia. Nel 1970 Hawking postula la seconda legge della dinamica dei buchi neri, secondo la quale l'orizzonte degli eventi di un buco nero non può mai contrarsi. E poi, insieme a James Bardeen e Brandon Carter, propone le quattro leggi della meccanica dei buchi neri, in cui per la prima volta si ipotizza un'analogia con la termodinamica.

A cominciare dal 1973, dopo una visita a Mosca dove affronta l'argomento da un'altra prospettiva, insieme a Jakov Zel'dovič e Aleksej Starobinskij, Hawking comincia a studiare i buchi neri dal punto di vista della meccanica quantistica. E scopre, non senza un certo disappunto, che ci sono serie complicazioni alla sua seconda legge. Complicazioni che confermano invece le tesi proposte da Bekenstein sull'entropia dei buchi neri. I suoi risultati, illustrati su «Nature» nel 1974 e approfonditi su «Communications in Mathematical Physics» nel 1975, parlano chiaro. Secondo la teoria quantistica dei campi, i buchi neri possono emettere radiazione. Nell'astruso mondo dei quanti, il vuoto non è veramente vuoto. È piuttosto un continuo ribollire in cui coppie di particelle e antiparticelle si formano e si annichilano quasi istantaneamente. Secondo i calcoli di Hawking, però, se questo fenomeno avviene in prossimità dell'orizzonte degli eventi di un buco nero, una particella potrebbe essere catturata dalla singolarità, e l'altra sfuggirne, portando via con sé sotto forma di energia una piccola parte della massa del buco nero. Lentamente – ma in modo proporzionale alla massa del buco nero stesso – la cosiddetta radiazione di Hawking potrebbe finire per far evaporare l'intera massa del buco nero.

Ma che cosa ne sarebbe dell'informazione? Secondo i calcoli di Hawking, le particelle che sfuggono al buco nero non dipendono in alcun modo dalle proprietà del materiale che lo ha formato. Possiamo buttarci dentro un televisore, un messaggio in bottiglia, una pizza. Ma per le particelle che ne escono non farebbe differenza. Una volta che un oggetto ha superato l'orizzonte degli eventi, non può influenzare nulla di ciò che ne esce successivamente, perché dall'interno non può fuggire informazione: in altre parole, le proprietà di ciò che ha superato l'orizzonte degli eventi sono irrimediabilmente perdute.

La meccanica quantistica esclude però che l'informazione si possa distruggere. Così Hawking suggerì che la teoria avrebbe dovuto essere modificata in maniera da permettere la perdita di informazione. Allo stesso modo della relatività generale, però, la meccanica quantistica ha il conforto di solidissime prove sperimentali. E, come abbiamo già visto con Eddington, a volte gli scienziati sono tremendamente affezionati alle loro convinzioni. Tanto più – è il caso della meccanica quantistica e della relatività generale – quando funzionano. E in tal caso, come diceva Carl Sagan, «affermazioni straordinarie richiedono prove straordinarie».

Così molti teorici conclusero che Hawking avesse torto. L'informazione non si perdeva davvero. Doveva essere indecifrabile. Se Hawking avesse avuto ragione, allora una perdita di informazione si sarebbe avuta in qualunque fenomeno fisico, e ne avremmo avuto prova in qualche modo nei fenomeni di tutti i giorni. Era nato il «paradosso dell'informazione» dei buchi neri, figlio dell'ennesima incompatibilità tra meccanica quantistica e relatività: o si modificava la fisica quantistica per consentire la perdita di informazione, o si modificava la relatività generale per permettere all'informazione di sfuggire al buco nero. Ma c'era una via d'uscita: è possibile che un buco nero non evapori completamente, che alla fine ne rimanga un residuo in cui è contenuta tutta l'informazione della materia originaria di cui era composto. Tuttavia anche in questo caso c'è una difficoltà: se un oggetto microscopico contenesse tanta informazione, violerebbe il principio dell'entropia di Bekenstein e Hawking.

A quarant'anni dalla sua prima formulazione, il paradosso dell'informazione dei buchi neri non è ancora stato definitivamente risolto. Ne sono state proposte numerose soluzioni, ma nessuna è riuscita, finora, a mettere d'accordo tutti. Una delle più brillanti è la teoria proposta da Juan Maldacena alla fine degli anni Novanta. Proprio studiando gli enigmi sull'entropia e sulla perdita di informazione dei buchi neri, Maldacena ha proposto la cosiddetta teoria dell'universo olografico, secondo la quale la tridimensionalità dello spaziotempo che percepiamo sarebbe simile a un ologramma proiettato dalla superficie di una sfera. A oggi, la teoria di Maldacena è quanto di più vicino abbiamo a una teoria che unifichi le due grandi rivoluzioni del Novecento in fisica, la relatività generale e la meccanica quantistica. E grazie a essa sarebbe possibile applicare le leggi quantistiche anche alla gravità, senza alcuna perdita di informazione.

Nel 1997, quando Maldacena ha esposto la sua teoria, Stephen Hawking, insieme a Kip Thorne, stipulò una scommessa con John Preskill del California Institute of Technology. I primi due sostenevano che occorresse riscrivere la fisica dei quanti, perché la relatività generale impedisce che i buchi neri possano irraggiare e perdere informazione. Pertanto la perdita di massa e di informazione determinata dalla radiazione di Hawking non poteva provenire dall'interno dell'orizzonte degli eventi. Secondo Preskill, invece, era la descrizione dei buchi neri originata dalla relatività generale a dover essere modificata. Nel 2004 Hawking annunciò di aver cambiato idea, ammettendo che l'orizzonte degli eventi di un buco nero potrebbe fluttuare, consentendo una fuoriuscita di radiazione. E concesse la scommessa.

Non era la prima volta. Nel 1975 Hawking aveva scommesso che Cygnus X-1, un'intensa sorgente di raggi X nella costellazione del Cigno, non fosse un buco nero, anche se gli astronomi erano quasi certi del contrario. E, puntualmente, qualche anno dopo pagò il suo debito a Kip Thorne sotto forma di un abbonamento annuale a «Penthouse». Nel 1988, nel suo best seller *Dal big bang ai buchi neri.* Breve storia del tempo, Hawking riconobbe che quella scommessa, per lui, era stata una specie di polizza di assicurazione. Aveva dedicato tanto tempo ed energie allo studio dei buchi neri che se non fossero esistiti sarebbe stato uno spreco imperdonabile. Vincendo la scommessa ne avrebbe tratto almeno una magra consolazione.

All'inizio del 2016, quasi in contemporanea, si sono verificati due eventi che hanno di nuovo catalizzato l'attenzione e la passione degli scienziati e del grande pubblico attorno ai buchi neri. L'11 febbraio le collaborazioni LIGO e Virgo hanno annunciato la prima osservazione diretta delle onde gravitazionali previste dalla relatività generale. Il segnale misurato è stato prodotto dalla fusione di due buchi neri rispettivamente di 36 e 29 masse solari che cadevano uno verso l'altro in una traiettoria a spirale. È stata dunque anche la prima osservazione di un sistema di due buchi neri.

Un mese prima, Stephen Hawking ha pubblicato sul sito open access arXiv.org, insieme a Andrew Strominger e Malcolm Perry, un articolo in cui si ipotizza che l'informazione non vada perduta, ma resti in qualche modo registrata sulla superficie dell'orizzonte degli eventi sotto forma di fotoni di energia minima o nulla. Secondo questa nuova visione, «i buchi neri hanno peli soffici». Come da tradizione, il nuovo lavoro non ha mancato di sollevare dubbi e interrogativi che sono ancora al vaglio della comunità dei fisici teorici.

Ormai, però, a un secolo dalla relatività generale e dalle singolarità di Schwarzschild, a oltre quarant'anni dal paradosso dell'informazione, abbiamo la certezza che i buchi neri sono legittimi abitanti dell'universo. E sarebbero anzi parecchi di più di quanto immaginato. Continuano a essere abitanti un po' singolari, ma oggi sappiamo molte più cose sulla loro natura e sulle leggi che li governano. La loro peculiarità di oggetti estremi, che spingono alle estreme conseguenze la potenza delle nostre teorie, ne alimenta il fascino da una parte, e dall'altra pone sfide formidabili a chi cerca di svelarne i segreti. Nell'arco di un secolo, la nostra visione dei buchi neri è cambiata molte volte, mettendo a dura prova le convinzioni di generazioni di cosmologi e contribuendo a dipanare il significato profondo delle nostre teorie.

Forse nemmeno l'ultimo lavoro di Hawking e colleghi mette la parola fine a questa avventura. E magari nei prossimi anni assisteremo a nuovi sviluppi e nuovi rivoluzionari cambiamenti di prospettiva. Ma in fondo è questo a rendere immortale il fascino del cammino della scienza.

I libri di Stephen W. Hawking

Stephen Hawking - George F.R. Ellis, *The large scale structure of space-time*, Cambridge University Press, Cambridge-New York 1973.
Stephen Hawking - Werner Israel, *General relativity. An Einstein centenary survey*, Cambridge University Press, Cambridge (MA) 1975.
Stephen Hawking, *Is the end in sight for theoretical physics? An inaugural lecture*, Cambridge University Press, Cambridge 1980 (trad. it. *Inizio del tempo e fine della fisica*, Mondadori, Milano 1992).
Stephen Hawking - Werner Israel, *Three hundred years of gravitation*, Cambridge University Press, Cambridge 1987.
Stephen Hawking, *A brief history of time. From*

*the big bang to black holes*, Bantam Books, New York 1988 (trad. it. *Dal Big Bang ai buchi neri*, Rizzoli, Milano 1988; BUR, Milano 2015).

Stephen Hawking, *Black holes and baby universes and other essays*, Bantam Books, New York 1993 (trad. it. *Buchi neri e universi neonati e altri saggi*, Rizzoli, Milano 1993; BUR, Milano 2001).

Stephen Hawking, *Hawking on the big bang and black holes*, World Scientific, Singapore 1993.

Stephen Hawking, *The Cambridge lectures. Life works*, Dove Books, West Hollywood (CA) 1996.

Stephen Hawking, *The theory of everything. The origin and fate of everything*, Phoenix, New York 1996 (trad. it. *La teoria del tutto. Origine e destino dell'universo*, Rizzoli, Milano 2003; BUR, Milano 2015).

Stephen Hawking, *Theories of the universe* (audiolibro), Audio Scholar, Mendocino (CA) 1996.

Stephen Hawking - Roger Penrose, *The nature of space and time*, Princeton University Press, Princeton (NJ) 1996 (trad. it. *La natura dello spazio e del tempo*, Sansoni, Firenze 1996; BUR, Milano 2008).

Stephen Hawking, *The universe in a nutshell*, Bantam Books, New York 2001 (trad. it. *L'universo in un guscio di noce*, Mondadori, Milano 2002; 2011).

Stephen Hawking, *On the shoulders of giants. The great works of physics and astronomy*, Running Press, Philadelphia 2002.

Stephen Hawking - Kip Thorne - Igor Novikov - Timothy Ferris, *The future of spacetime*, Norton, New York 2002.

Stephen Hawking, *The illustrated theory of everything. The origin and fate of universe*, New Millennium Press, Beverly Hills 2003.

Stephen Hawking - Gary Gibbons - Paul Shellard - Stuart Rankin, *The future of theoretical physics and cosmology. Celebrating Stephen Hawking's 60th birthday*, Cambridge University Press, New York 2003.

Stephen Hawking, *Computer resources for people with disabilities. A guide to assistive technologies, tools and resources for people of all ages*, Hunter House, Alameda (CA) 2004.

Stephen Hawking, *God created the integers. The mathematical breakthroughs that changed history*, Running Press, Philadelphia-London 2005.

Stephen Hawking - Leonard Mlodinow, *A briefer history of time*, Bantam Books, New York 2005 (trad. it. *La grande storia del tempo*, Rizzoli, Milano 2005; BUR, Milano 2015).

Stephen Hawking - Lucy Hawking, *George's secret key to universe*, Doubleday, London 2007 (trad. it. *La chiave segreta per l'universo*, Mondadori, Milano 2007; 2011).

Stephen Hawking - Lucy Hawking, *George's cosmic treasure hunt*, Corgi Books, London 2008 (trad. it. *Caccia al tesoro nell'universo*, Mondadori, Milano 2009; 2011).

Stephen Hawking, *The dreams that stuff is made of. The most astounding papers on quantum physics and how they shook the scientific world*, USA Basic Books, New York 2010.

Stephen Hawking - Leonard Mlodinow, *The grand design*, Bantam Books, New York 2010 (trad. it. *Il grande disegno*, Mondadori, Milano 2011).

*I libri di Stephen W. Hawking*

Stephen Hawking - Lucy Hawking, *George and the big bang*, Doubleday, London 2011 (trad. it. *Missione alle origini dell'universo*, Mondadori, Milano 2011).

Stephen Hawking, *My brief history*, Bantam Books, New York 2013 (trad. it. *Breve storia della mia vita*, Mondadori, Milano 2013).

Stephen Hawking - Lucy Hawking, *George and the unbreakable code*, Doubleday, London 2014 (trad. it. *Il codice dell'universo*, Mondadori, Milano 2015).

Stephen Hawking - Lucy Hawking, *George and the blue moon*, Doubleday, London 2016 (trad. it. *I cercatori dell'universo*, Mondadori, Milano 2016).

# Indice